麋鹿四季

张树苗 白加德 ◎ 编著

北京科学技术出版社

图书在版编目（CIP）数据

麋鹿四季 / 张树苗，白加德编著 . —北京：北京科学技术出版社，2019.8
（麋鹿故事）
ISBN 978-7-5714-0305-8

Ⅰ . ①麋… Ⅱ . ①张… ②白… Ⅲ . ①麋鹿－介绍 Ⅳ . ① Q959.842

中国版本图书馆 CIP 数据核字（2019）第 103407 号

麋鹿四季（麋鹿故事）

作　　者：张树苗　白加德
责任编辑：韩　晖　李　鹏
封面设计：天露霖
出 版 人：曾庆宇
出版发行：北京科学技术出版社
社　　址：北京西直门南大街 16 号
邮政编码：100035
电话传真：0086-10-66135495（总编室）
　　　　　0086-10-66113227（发行部）　0086-10-66161952（发行部传真）
电子信箱：bjkj@bjkjpress.com
网　　址：www.bkydw.cn
经　　销：新华书店
印　　刷：北京宝隆世纪印刷有限公司
开　　本：880mm×1230mm　1/32
字　　数：171 千字
印　　张：7.625
版　　次：2019 年 8 月第 1 版
印　　次：2019 年 8 月第 1 次印刷
ISBN 978-7-5714-0305-8 / Q · 164

定　　价：80.00 元（全套 7 册）

前　言

　　麋鹿（*Elaphurus davidianus*）是一种大型食草动物，属哺乳纲（Mammalia）、偶蹄目（Artiodactyla）、鹿科（Cervidae）、麋鹿属（*Elaphurus*）。又名戴维神父鹿（Père David's Deer）。雄性有角，因其角似鹿、脸似马、蹄似牛、尾似驴，故俗称"四不像"。麋鹿是中国特有的物种，曾在中国生活了数百万年，20世纪初却在故土绝迹。20世纪80年代，麋鹿从海外重返故乡。麋鹿跌宕起伏的命运，使其成为世人关注的对象。

目 录

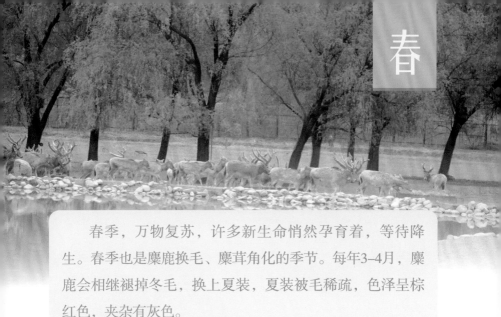

春季，万物复苏，许多新生命悄然孕育着，等待降生。春季也是麋鹿换毛、麋茸角化的季节。每年3-4月，麋鹿会相继褪掉冬毛，换上夏装，夏装被毛稀疏，色泽呈棕红色，夹杂有灰色。

分娩产仔

从临产到鹿胎从雌鹿体内产出的过程称为产仔，又叫分娩。麋鹿的产仔季节（产仔期）为每年的3-5月。

▲ 妊娠雌鹿在鹿群经常活动栖息之处的附近寻找避风、隐蔽、向阳的场所作为产房

◀ 临产前雌鹿警惕地看着周围

▶ 正在产仔的雌鹿

◀ 麋鹿产仔时会有"阵痛",一般表现
为雌鹿在产仔过程中多次倒地挣扎

　　分娩时，雌鹿出现阵缩、努责、起卧不安等现象，多为先站立娩出仔鹿的前肢或后肢，再躺地娩出仔鹿的大部分，后站立，借助仔鹿的体重和雌鹿的努责娩出全部身体

◀ 仔鹿触地过程也是唤醒仔鹿呼吸系统的过程

◀ 仔鹿产出后，雌鹿舔掉新生仔鹿身上的附着物。舔舐的顺序为从仔鹿的头颈部开始，逐步向后移

▶ 雌鹿分娩后在短时间内通过看、听以及舔舐，认识仔鹿，建立母子联系。仔鹿也对雌鹿产生印记，母子联系一旦建立，雌鹿会把仔鹿加以保护

附着物被舔完后，仔鹿头颈开始扭动，四肢渐而屈曲伸展，逐渐挣扎起身

▶ 雌鹿在产仔1小时左右初次哺乳，初乳对仔鹿十分重要，除了生长所需的营养外，初乳还为仔鹿提供一定的免疫力

▶ 仔鹿出生后，雌鹿在采食时会将仔鹿藏在安全、隐蔽的地点。仔鹿会在那里静卧等待雌鹿

抚育仔鹿

　　哺育后代是雌鹿的天性，鹿群作为一个整体性的"大家族"，有细致的分工。有些雌鹿专门负责照顾仔鹿，哺乳、抚育、护仔是它们常见的行为，这也是母性强的具体表现。麋鹿哺乳期3个月，仔鹿多集中活动，由成鹿看护。

仔鹿吃奶时，吻部向上，上下往复运动，稍大一点的幼仔就必须将其身体的前半部蹲下，才能触及母亲的乳房

▲ 仔鹿的出生给大自然带来勃勃生机

▲ 雌鹿和仔鹿警惕地注视远方

雌鹿采食时，仔鹿会
聚集在一起休息，看上去
很像麋鹿"托儿所"

▼ 仔鹿群

脱换冬毛

　　春季是麋鹿换毛的季节，麋鹿会脱掉冬季灰色、厚密的冬毛，代之以红褐色短而稀疏的夏毛。麋鹿的被毛脱换具有一定的规律性。正常情况下，麋鹿被毛脱换的次序是从头部、胸部渐次向后。

冬毛开始脱落

◀ 正在换毛的成年雄鹿，可以看到腿部和颈部已经换为夏毛，而背部冬毛还未完全脱尽

身被夏毛的成年麋鹿

麋茸角化

春季是麋鹿茸角成熟的季节。麋鹿在冬季解去干角，随后生出新鲜的鹿茸。经过一冬的生长，春季茸角达到成熟，茸皮很快就会褪去。

生长中的茸角

◀ 雄鹿长出硕大的茸角

▲ 茸角开始骨化

夏季是麋鹿发情交配的季节。麋鹿发情期一般是每年的6-8月。这期间，鹿群将由一头成年雄鹿主宰，是典型的"后宫繁育"，其他雄鹿和仔鹿会被驱除出鹿群。

发情季节

初夏，鹿群祥和平静，成年雄鹿也忙于采食，为即将到来的占群争斗积蓄能量。盛夏，麋鹿的发情行为越来越明显，多表现为吼叫、喷尿、嗅尿、卷唇等行为。

▲ 初夏，麋鹿群采食积蓄能量

▲ 初夏，鹿群中的等级越来越明显。图为聚集在一起的青年雄鹿和仔鹿。可以看到青年雄鹿的茸皮刚刚脱掉

▲ 发情期的成年雄鹿。成年雄鹿占群时，由于要驱赶其他雄鹿，不让它们进入鹿群，又要追赶离群的雌鹿，体力消耗极大

▲ 正在"卷唇"的雄鹿

▲ 喷尿，是雄鹿占群的一种行为

▶ 雄鹿通过吼叫展示自
己，向其他雄鹿宣告自己
的繁殖领域，同时也通过
吼叫警告潜在的竞争者

炫耀自己

在发情期，雄鹿常走到水边或泥浆中，用角挑戳带水的泥土，有时还将杂草、异物挂在角上，装饰自己。并在雌鹿群内走来窜去，炫耀自己，博得发情雌鹿的好感。

▲ 成年雄鹿用各种行为显示自己的地位，角饰就是其中一种。成年雄鹿在发情期会通过挑草和挑泥来"装饰"自己的鹿角。角饰越多的雄鹿地位越高

群雄角逐

　　雄鹿通过打斗等竞争行为确定其在群体中的序位等级，从而决定其交配地位，这种序位等级与年龄有关。胜者为王，获得繁殖机会。这种优胜劣汰的生存方式，保证了麋鹿群体优秀基因的传递。

▲ 打斗

▲ 较量

▲ 激流搏击

称霸一方

麋鹿的配偶制度是后宫制，具有后宫制配偶制度的动物，优势雄鹿占有大群的雌性配偶，为鹿王。由于鹿王要驱逐其他企图靠近雌鹿群的雄鹿，体力消耗较大，常常被"挑战者"取而代之。在一个发情繁殖季节，取胜的雄鹿轮流占群，这种现象在一定程度上有利于遗传多样性的保存。

▲ 成年雄鹿用角蹭树

▲ 一般情况下，一只鹿王独占整个雌鹿群

▲ 雌鹿一旦离开鹿群，鹿王会将其圈回

▲ 发情期中，青年雄鹿往往被鹿王驱除出鹿群，在离鹿群较远的地方组成"光棍群"

▲ 青年"光棍群"

▲ 发情期中，鹿王圈群

◄ 在整个发情期中，除鹿王外，其他成年雄鹿不能进入雌鹿群。当其他雄鹿想要进入时，鹿王会瞪眼怒叫，将其赶走

▲ 鹿王与挑战者对视

▲ 鹿王看守自己的"嫔妃"

发情交配

　　交配是雌雄动物、延续物种、扩大数量的主要行为表现。麋鹿的交配具有季节性，每年的6-8月是麋鹿的交配季节，在交配季节里，雄鹿可重复性地表现交配需求。麋鹿的婚配制度为一雄多雌制，在发情交配正常的情况下，鹿王可交配20～30只雌鹿，"妻妾"众多，是"一夫多妻"之典型，堪称极端。麋鹿交配时表现的行为有爬跨、勃起和射精。

▼ 甜甜蜜蜜

▲ 鹿王守候

▼ 王者风采

消暑纳凉

在天气最炎热的时候，麋鹿几乎一整天呆在水里，这无疑是避暑的最好方式。这样做还能让体表附着的寄生虫进入无氧环境，导致寄生虫窒息而死。

▲ 水中纳凉的"光棍群"

▲ 麋鹿择水而栖，在水中或水边休息

▲ 雄鹿教仔鹿避暑、防虫

▶ 水中纳凉的雌鹿群

▶ 游泳

▼ 喝水

▼ 卧泥休息，也是避
暑的好方法

水边或水中休息

经过繁忙的春季和激烈的夏季，麋鹿群开始趋于平静。秋季食物丰富，鹿群悠然自得、饱食终日，为越冬储备能量。不断地褪掉稀疏的夏毛，换上厚重的冬毛，为越冬做好准备。

岁月静好

初秋，鹿群恢复平静，在水边或水中休息，所有的鹿都安然无恙，无声无息地向大自然诠释着岁月静好，美轮美奂。

▲ 从容自得

▶ 优雅的"骑士"

▲ 水中精灵

▲ 麋鹿的特殊行为——偶尔尝尝"鲜"

▲ 雌鹿之间有时也会"打架"玩耍

储存能量

　　雄鹿经过夏大激烈的争斗和交配，脂肪消耗巨大；雌鹿把仔鹿抚养到断奶，体内的脂肪也已消耗殆尽，急需补充。因此，在残酷的冬天到来之前，麋鹿需做好充足的过冬准备。

麋鹿在枯黄的草地里寻找适口的食物，以便贮存足够的脂肪过冬

▲ 如果善于挖掘，也能发现一些新鲜的食物

▲ 草根的味道还是不错的

▲ 可口的精料

脱换夏毛

秋季是麋鹿换冬毛的季节，脱毛开始的时间很难精准确定，因为毛的脱换是逐渐扩散的。雄鹿脱毛开始的时间不同，最早的大约开始于8月中旬，成年个体会先于年轻的和年老的个体，有些雄鹿夏毛的脱换会先于冬毛的长出。脱毛开始于背部或胁腹两侧上部的一个小的秃斑，然后迅速扩散到麋鹿身体的各个部位，1~2周后，身体就会变秃，然后冬毛开始生长，头部则会经历一个正常的脱毛的扩散模式。在几天到一周之内，麋鹿会长出细绒的黄褐色的毛，没过多久就会长成又长又密的冬毛。

▲ 天气要凉了，该换上冬毛了

▲ 争先恐后脱夏装

背部的夏毛都脱掉了

换上保暖的冬毛

▲ 慢慢穿上冬装

鸟鹿共舞

金秋时节，鹿群平静而又不平凡，麋鹿与其伴生的鸟类和谐相处，牛背鹭、白鹭、寒鸦、喜鹊、八哥等时而在麋鹿背部和腹部啄食吸血昆虫，时而跟着麋鹿散步……

互利共生

▼ 鹭鸟相伴

寒鸦共舞

八哥停歇

经过秋季的抗寒准备，为了进一步节省身体的消耗，麋鹿在一年中最冷的季节解去沉重的双角，从容面对暴风雪的洗礼。

集群抗寒

麋鹿在非繁殖季节具有集群行为。集群行为是动物行为中的一种，直接关系到动物的生存与繁衍。冬季集群可以使麋鹿易于发现和逃避天敌，还具有集体抗寒的作用。

◀ 暴雪后的麋鹿群

▶ 框中画

脱角长茸

　　麋鹿角的更换周期与其繁殖周期是一致的，而繁殖周期又和自然的季节同步。麋鹿角枝每年更换一次，属于临时器官，从冬至开始至次年1月解角，角脱落后3～5天即开始长茸。冬末春初是麋鹿茸生长的季节。

▲ 麋鹿冬季解去干角后的样子

▲ 每年12月到来年1月是麋鹿解角的时间，正所谓"麋解角于冬"。这时，成年雄性麋鹿会解掉干角

▼ 麋鹿冬季解去干角后新生鹿茸开始生长

▼ 新生、刚分叉的鹿茸

▲ 鹿茸生长中

▲ 持续生长的鹿茸

▲ 茸质末期

养精蓄锐

　　冬季，大地银装素裹，风雪中的麋鹿显得非常宁静，或悠然觅食，或伫立雪中，或爬冰卧雪，俨然一幅美丽的画卷。

◀ 雪中觅食，别样滋味

▲ 积雪覆盖大地，麋鹿寻找食物的难度增加了，草根也成为食物

► 雪中伫立

▲ 爬冰卧雪

► "长桌宴"

嬉戏玩耍

冰天雪地中的麋鹿，以坚强的意志谱写着平凡中的非凡，以超"鹿"的毅力诠释生命的内涵，以呆萌可爱演绎着一场场神鹿精灵的冰雪奇缘。

▶ 怡然漫步

▶ 冰雪之恋

◀ 冰上行走

▶ 冬日里的嬉戏

▲ 雌鹿打闹玩耍